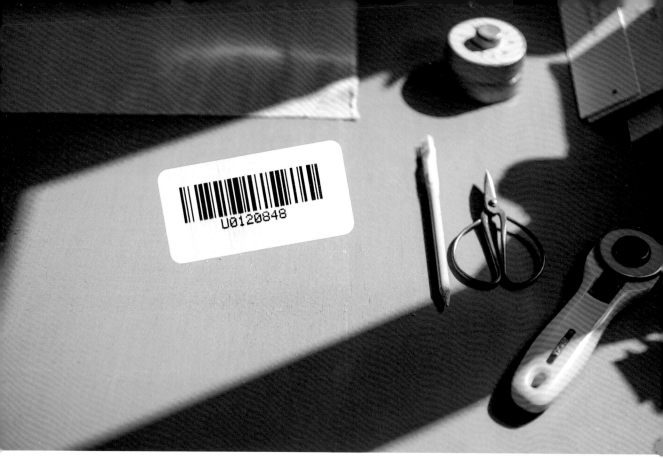

手作简约百搭的品牌帆布包

〔日〕久村直大 著

罗 蓓 译

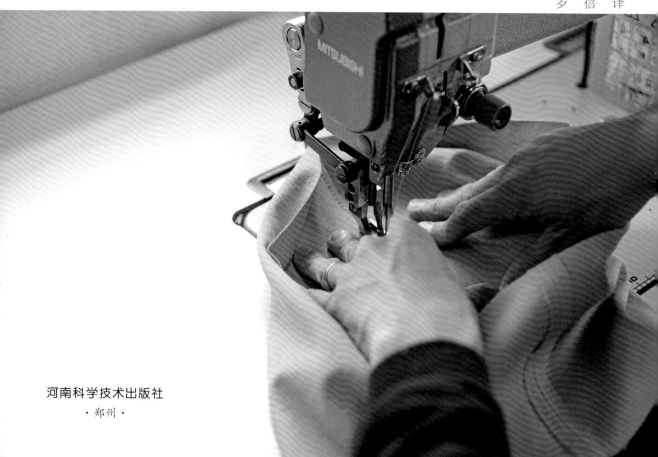

河南科学技术出版社

· 郑州 ·

我在设计包时，
觉得最重要的是："如何能简单地把它做出来？"

关于包的制作，全都是我自学的，
所以没有什么难的技术、特殊的技巧。
"简单地制作出'很酷、实用'的包"是我的设计理念和乐趣所在。

因为不喜欢华丽的装饰、过多的功能，我脑海中考虑的全都是简洁的东西。
形状、大小、样式都不在考虑范围内，追求的是如何使用起来顺手。
本书介绍的，都是非常简洁的包。制作起来也很简单，每一款大家都能做出来。
构造简洁、方便使用的包很多，所以请大家务必试着做几款，试着把它们做成自己喜欢的包。

尝试一些变化：改变包带的长度、加上口袋、加上标签等。
只是改变一下尺寸，视觉效果、使用感觉都会发生很大的变化。
一旦能够做出自己喜欢的包来，对于制作东西这件事就会倍感开心。

请一定要使用做好的包。
因为帆布是越使用越有感觉的材质，你会越用越迷恋，如果包又是自己做的，就会越发喜欢。
而且，使用过后再次制作时，脑海中会涌现出新的想法。
在"制作—使用"的循环中，学到了制作技术，也增加了乐趣。
乐趣既包括制作东西的乐趣，还有使用这些东西的乐趣。
如果本书能让大家感受到这些乐趣，我会非常高兴。

目录

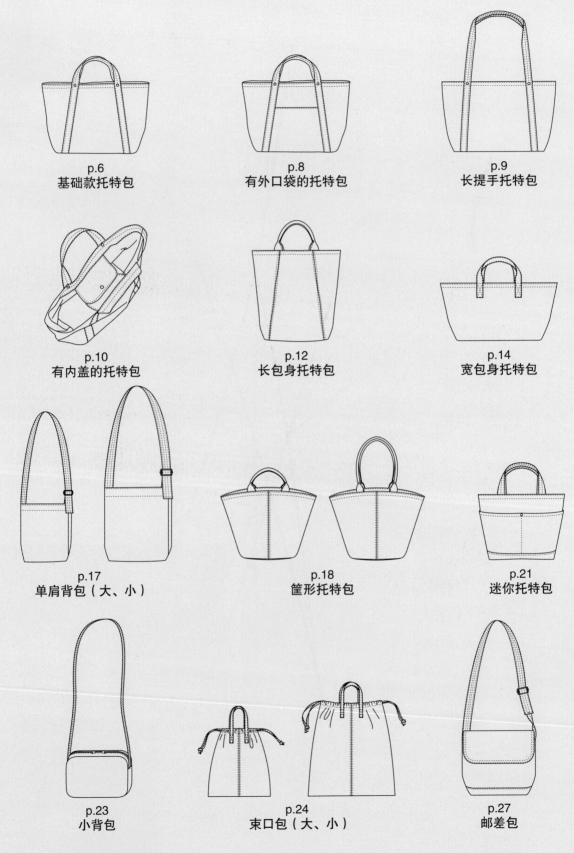

p.6
基础款托特包

p.8
有外口袋的托特包

p.9
长提手托特包

p.10
有内盖的托特包

p.12
长包身托特包

p.14
宽包身托特包

p.17
单肩背包（大、小）

p.18
筐形托特包

p.21
迷你托特包

p.23
小背包

p.24
束口包（大、小）

p.27
邮差包

p.28
书袋

p.29
条纹托特包

p.31
迷你波士顿包

p.33
轻便单肩背包

p.35
小拎包

p.36
纸巾盒套

p.37　本书作品所使用的帆布

p.38　制作作品之前

p.40　试着做基础款托特包吧

p.44　有外口袋的托特包的制作方法

p.45　有内盖的托特包的制作方法

p.46　固定工具的安装方法

p.48　配色的建议

p.49　制作方法

附：实物大纸型

基础款托特包

基础款托特包在任何时候使用起来都很方便，大小也刚刚好。
特点是，提手斜着缝在包身上，并用铆钉固定。

制作方法
→ p.40（有照片介绍制作过程）

布料提供／表布…清原
　　　　　　里布…fabric bird

A

B

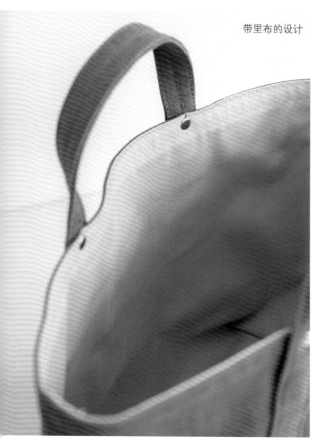

带里布的设计

铆钉是亮点

有外口袋的托特包

在包身的提手中间设计了口袋。
只是加上了口袋布，所以制作起来也很简单。

制作方法
→ p.44（有照片介绍制作过程）

布料提供 / 表布 ⋯ 清原
　　　　　 里布 ⋯ fabric bird

可以根据自己的喜好加上内口袋

A

B

长提手托特包

提手较长，可以挎在肩上，
如果东西较重时，用它很合适。
可以根据自己的喜好确定提手的长度。

制作方法
→ p.78

布料提供 / 表布 … 富士金梅（川岛商事）
里布 … fabric bird

有内盖的托特包

只是加了内盖，
安全感却增加了不少。
内盖布与里布相同。

制作方法
→ p.45（有照片介绍制作过程）

布料提供 / 表布 … 富士金梅（川岛商事）
　　　　　里布 … fabric bird

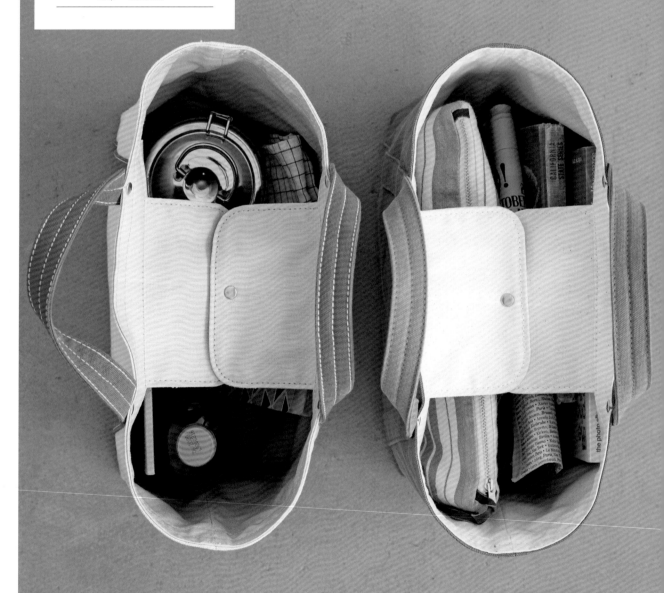

A

B

在设计上，给里布另加上内
盖布，再安装上四合扣即可

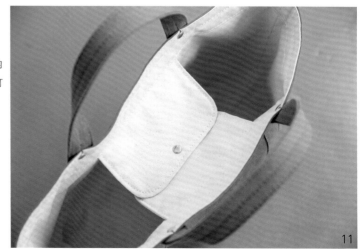

长包身托特包

把 3 片布拼接在一起，
而不是使用一整片表布，这是亮点。
缝合的线迹展现了一种美感。
提手里面穿了腈纶绳，
使它用起来很柔软。

制作方法
→ p. 50

布料提供 / 表布 … 银河工坊
　　　　　　里布 … fabric bird

A

B

制作这款包时，还可以变换表布，把喜欢的颜色组合在一起。

上、下图的包实际上是同一款包，在设计上使用了六种颜色的布。

A

宽包身托特包

设计简洁，展现出帆布的优点。

缝提手的线迹也让人眼前一亮。

可以外出时使用，也可以用来收纳家里的小物件。

制作方法
→ p.52

布料提供 / 表布 … 银河工坊
　　　　　里布 … 布的网店：L'idée妙想

B

小巧的内盖设计

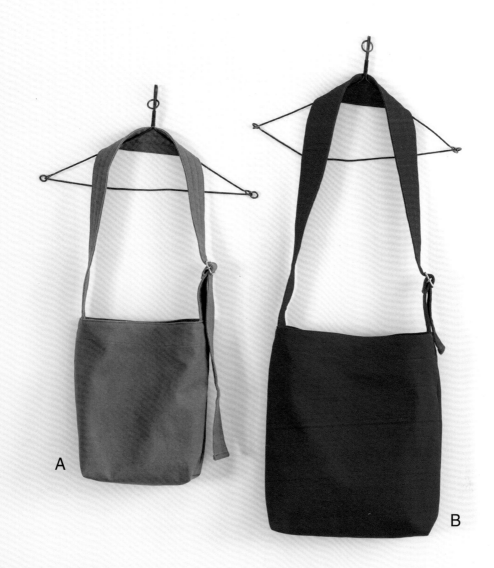

A

B

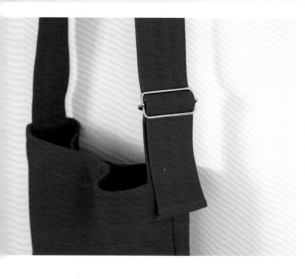

肩带很宽，
有机缝线迹，
很酷

单肩背包
（大、小）

没有另外添加里布，里外使用 1 片布制作
完成，是非常好用的包。

可以是轻便常用的小包，还可以做成收纳
力超强、什么都能装下的大包。

制作方法
→ p.54

布料提供／表布 … 清原
里布 … 布的网店：L'idée妙想

筐形托特包

想着做一款"像筐一样的包",于是完成了这个
托特包。
在设计上把包底做成了椭圆形,袋口向外扩张,
特点是很容易看见包里面的物品。
提手较细,里面穿有腈纶绳,
所以看起来很饱满、漂亮。

制作方法
→ p.58

布料提供 / 表布 … 富士金梅〔川岛商事〕
里布 … 布的网店:L'idée妙想

A

提手也可以做成长的，
方便单肩背

B

提手上的铆钉是亮点

在外口袋的中点位置用铆钉固定，很独特

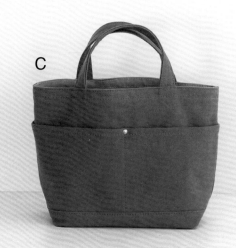

C

迷你托特包

包虽然小，但是在两面四个位置
设计了外口袋，
非常能装，很有魅力。
散步、购物的时候都可以带上它。

制作方法
→ p.60

布料提供／表布 … 银河工坊
　　　　　里布 … fabric bird

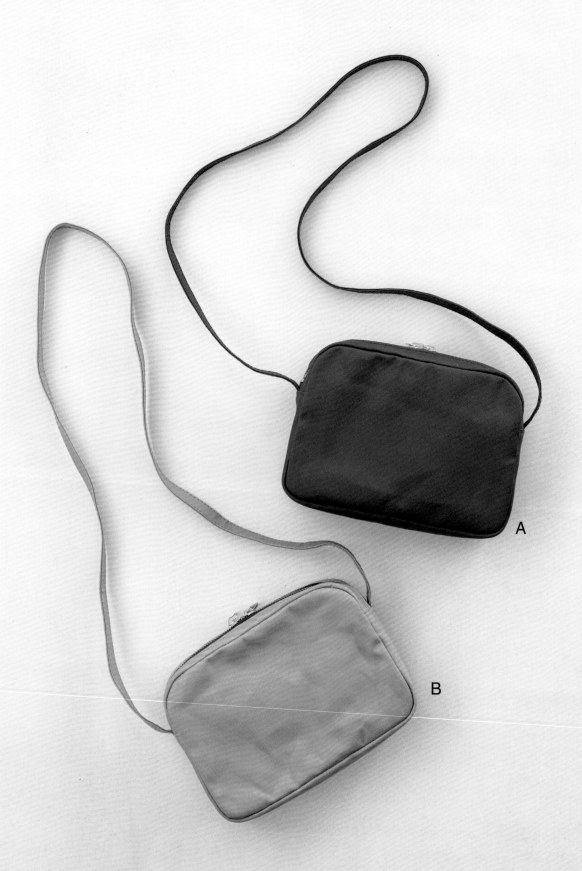

A

B

简单轻便。缝份进行了螺纹带包边处理

小背包

这款包是 TEJIKA 品牌必做款。
在设计上很可爱，
而且莫名有种上档次的感觉，
使用起来非常方便。

制作方法
→ p.62

布料提供 / 全部来自布的网店：L'idée妙想

A

B

束口包
（大、小）

这款包在 TEJIKA 品牌中人气很旺。
依照我的设计，使用家用缝纫机也
能把它做出来。
在尺寸上，准备了大、小两种。
在包身中心位置进行了机缝，
能手拎，简直是万能包。

制作方法
→ p.64

布料提供／全部来自 TEJIKA

C

D

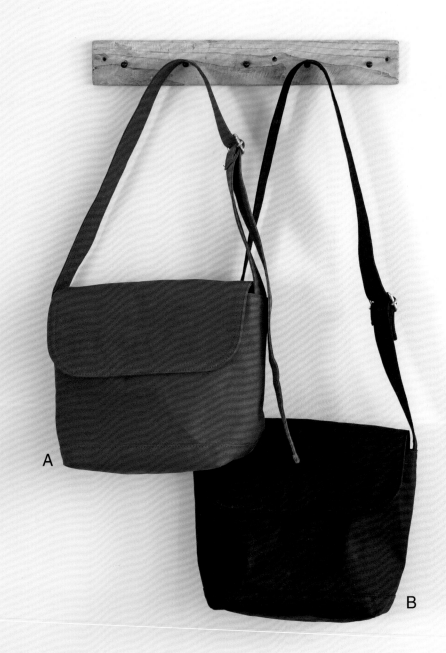

A

B

邮差包

包看起来小，但是用起来感觉刚刚好，
可以"啪"的一下挎肩背在身上。
对包盖的拐角进行了很用心的设计，
这是这款包好看的原因。

制作方法
→ p.66

布料提供／全部来自仓敷帆布

A

B

书袋

袋布经过打蜡处理，呈现挺括的质感，
四个角简洁利索。
袋底的机缝需要耐心，
缝漂亮了，设计感就能体现出来。

制作方法
→ p.68

布料提供 / 全部来自布的网店：L'idée妙想

条纹托特包

在设计上，对布进行了拼接，看起来像条纹布。

把喜欢的颜色组合在一起，令人开心，

即便用同一种颜色做，

剪切技法的使用，也让包看起来很时尚。

制作方法
→ p.70

布料提供 / 表布 … 银河工坊
　　　　　　里布 … fabric bird

A

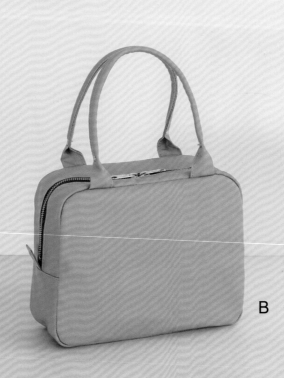

B

迷你波士顿包

形状小、饱满，非常可爱，
是小型的波士顿包。
厚度大，
所以容量比看起来要大。
如果给耳布打上气眼，
穿上绳子，就能背在肩上。

制作方法
→ p.72

布料提供 / 全部来自布的网店：L'idée妙想

A

B

轻便单肩背包

为了保持挺括的形状，
使用了经过打蜡处理的帆布。
肩带不是缝死的，而是穿过了耳布，
可以自由调节长度。

制作方法
→ p.74

布料提供 / 包体 … 布的网店：L'idée妙想
肩带 … fabric bird

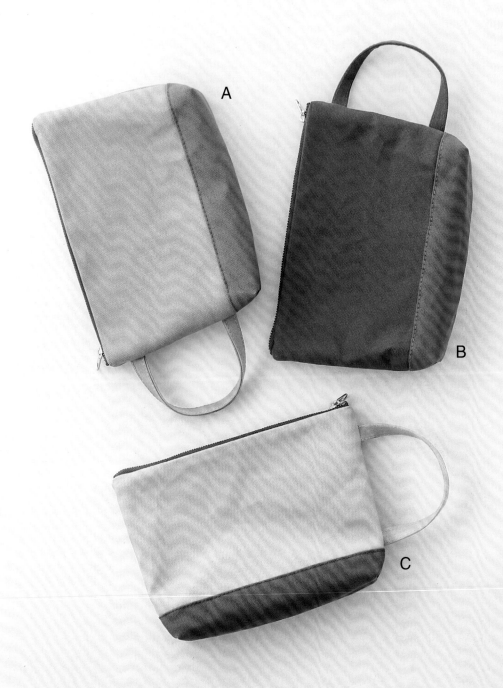

A

B

C

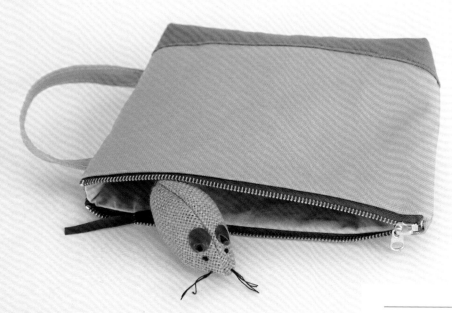

小拎包

即便已经有好几个了，看见它还是兴奋不已。

小包双色，颜色对比度大。

带提手，所以可以直接用作小拎包，

也可以作为包中包使用。使用方法多样。

制作方法
→ p.76

布料提供 / 表布 ⋯ 富士金梅〔川岛商事〕
　　　　　里布 ⋯ 布的网店：L'idée妙想

1. 制作内袋　　※参照p.44 "上内口袋"（只是不缝隔挡线）、p.41 "1.制作内袋"

2. 制作提手

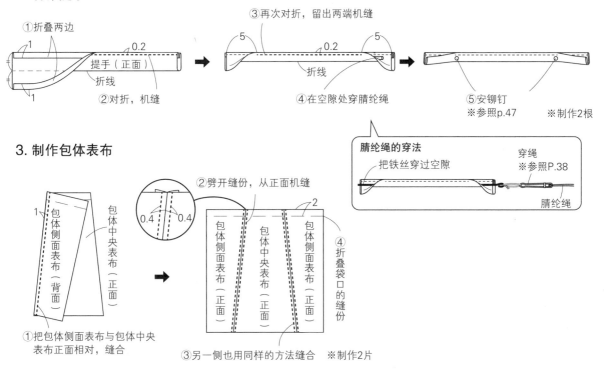

①折叠两边
1
提手（正面）
0.2
折线
②对折，机缝

③再次对折，留出两端机缝
5
0.2
折线
5
④在空隙处穿腈纶绳

⑤安铆钉
※参照p.47
※制作2根

腈纶绳的穿法
把铁丝穿过空隙
穿绳
※参照P.38
腈纶绳

3. 制作包体表布

1
包体侧面表布（背面）
包体中央表布（正面）
①把包体侧面表布与包体中央表布正面相对，缝合

0.4　0.4

②劈开缝份，从正面机缝
2
包体侧面表布（正面）
包体中央表布（正面）
包体侧面表布（正面）
④折叠袋口的缝份
③另一侧也用同样的方法缝合　※制作2片

4. 把包体表布与包底缝合　　※参照p.42 "4.缝合包体表布与包底"

5. 制作外袋　　※参照p.42 "5.制作外袋"

6. 安提手

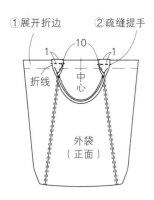

①展开折边　②疏缝提手
1　10　1
折线
中心
外袋（正面）

7. 缝合外袋和内袋
※参照p.43 "6.缝合外袋和内袋"

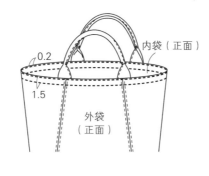

0.2
1.5
内袋（正面）
外袋（正面）

完成图

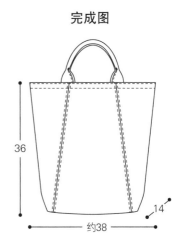

36
14
约38

51

宽包身托特包

实物图→p.14　**完成尺寸**　口宽约48cm×高22.5cm×厚14cm

材料

A	B
[表布]	[表布]
8号酵洗帆布(38号色)…90cm 幅 ×70cm	8号酵洗帆布(83号色)…90cm 幅 ×70cm
[提手]	[提手]
8号酵洗帆布(5号色)…90cm 幅 ×20cm	8号酵洗帆布(92号色)…90cm 幅 ×20cm
[里布]	[里布]
11号帆布(5号色,浅米色)…110cm 幅 ×60cm	11号帆布(14号色,蘑菇色)…110cm 幅 ×60cm
·直径0.9cm 的四合扣 …1组	·直径0.9cm 的四合扣 …1组

裁剪方法图

内盖的纸型画在实物大纸型A面

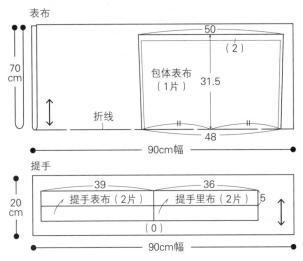

※（ ）内数字为缝份。没有指定的为1cm。

准备

在中点、上内口袋、安内盖的位置画上标记

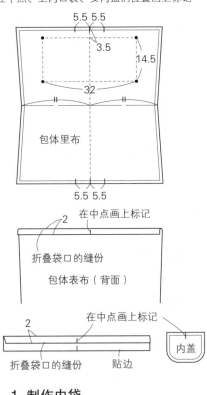

1.制作内袋

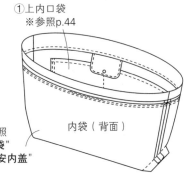

①上内口袋
※参照p.44

②制作内袋时，参照
p.41 "1.制作内袋"
p.45 "做贴边、安内盖"

2. 制作提手

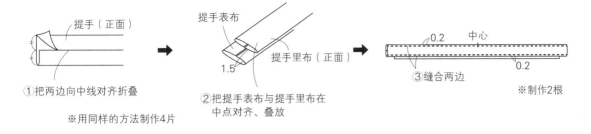

① 把两边向中线对齐折叠

※用同样的方法制作4片

提手表布

提手里布（正面）

1.5

② 把提手表布与提手里布在中点对齐、叠放

0.2 中心

③ 缝合两边

0.2

※制作2根

3. 制作外袋

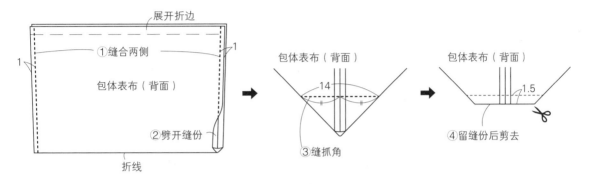

展开折边

① 缝合两侧

包体表布（背面）

② 劈开缝份

折线

1

1

包体表布（背面）

14

③ 缝抓角

包体表布（背面）

1.5

④ 留缝份后剪去

4. 缝合外袋和内袋 ※参照p.43 "6.缝合外袋和内袋"

5. 安提手

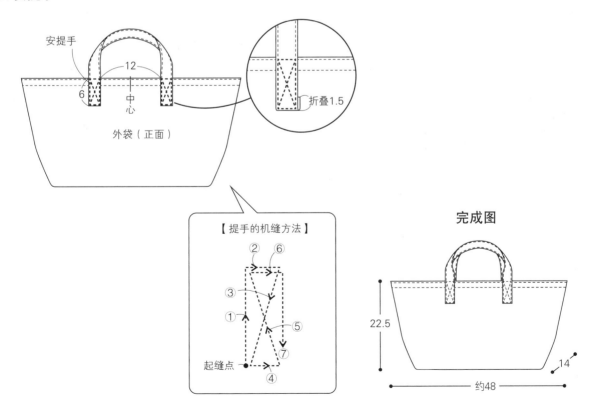

安提手

12

6

中心

外袋（正面）

折叠1.5

【提手的机缝方法】

② ⑥

③

①

⑤

⑦

起缝点 ④

完成图

22.5

14

约48

单肩背包（大、小）　实物图→p.17　完成尺寸　小 … □宽约32cm × 高30cm × 厚10cm
　　　　　　　　　　　　　　　　　　　　　　　大 … □宽约42cm × 高38cm × 厚10cm

材料

A（小）
［表布］
8号做旧帆布（蓝色）…110cm 幅 × 100cm
［内口袋］
11号帆布（5号色，浅米色）…30cm × 40cm
・2.2cm 宽的织带…30cm × 2根、12cm × 2根
・内宽5cm 的日字环 …1个
・直径1.8cm 的磁扣 …1组

B（大）
［表布］
8号做旧帆布（红色）…110cm 幅 × 120cm
［内口袋］
11号帆布（43号色，朦胧粉）…30cm × 50cm
・2.2cm 宽的织带…38cm × 2根、12cm × 2根
・内宽6cm 的日字环 …1个
・直径1.8cm 的磁扣 …1组

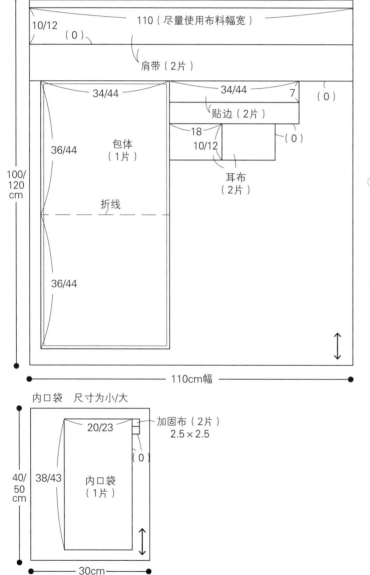

裁剪方法图

包体　尺寸为小/大

10/12
（0）
110（尽量使用布料幅宽）
肩带（2片）
34/44
34/44　7
（0）
贴边（2片）
18
10/12
（0）
36/44
包体（1片）
折线
36/44
耳布（2片）
100/120 cm
110cm幅

内口袋　尺寸为小/大

20/23
加固布（2片）2.5×2.5
（0）
40/50 cm
38/43
内口袋（1片）
30cm

※（ ）内数字是缝份。没有指定的为1cm

准备　尺寸为小/大

给贴边（2片）画上标记

5　16/21
侧边　　贴边（正面）
安磁扣的位置

1. 制作肩带

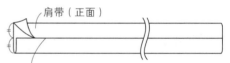

肩带（正面）
①把两边向中线对齐、折叠　※2片用同样的方法制作

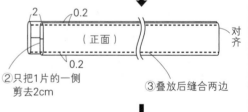

2　0.2
（正面）　对齐
0.2
②只把1片的一侧剪去2cm
③叠放后缝合两边

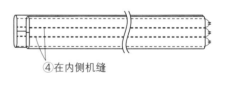

④在内侧机缝

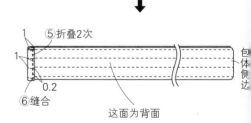

1　⑤折叠2次
1
0.2
⑥缝合
包体侧边
这面为背面

2. 制作耳布　※①～④与p.54 "1.制作肩带" 相同

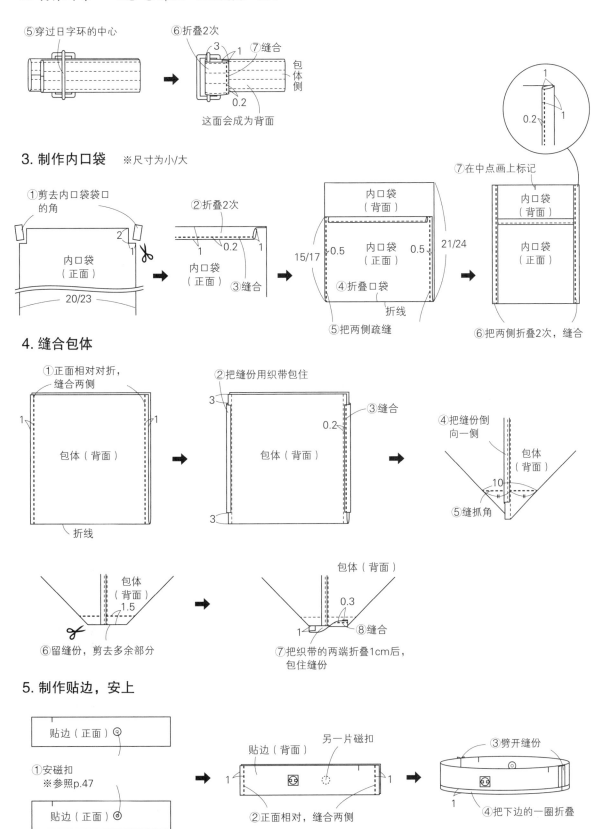

⑤穿过日字环的中心

⑥折叠2次
3　1
⑦缝合
包体侧
0.2
这面会成为背面

3. 制作内口袋　※尺寸为小/大

①剪去内口袋袋口的角
内口袋（正面）
2
1
20/23

②折叠2次
内口袋（正面）
1　0.2　1
③缝合

内口袋（背面）
15/17　0.5　内口袋（正面）　0.5　21/24
④折叠口袋
折线
⑤把两侧疏缝

⑦在中点画上标记
1
0.2　1
内口袋（背面）
内口袋（正面）
⑥把两侧折叠2次，缝合

4. 缝合包体

①正面相对对折，缝合两侧
1　包体（背面）　1
折线

②把缝份用织带包住
3
包体（背面）
0.2
3
③缝合

④把缝份倒向一侧
包体（背面）
10
⑤缝抓角

包体（背面）
1.5
⑥留缝份，剪去多余部分

包体（背面）
0.3
1　⑧缝合
⑦把织带的两端折叠1cm后，包住缝份

5. 制作贴边，安上

贴边（正面）
①安磁扣　※参照p.47
贴边（正面）

贴边（背面）　另一片磁扣
1　1
②正面相对，缝合两侧

③劈开缝份
1
④把下边的一圈折叠

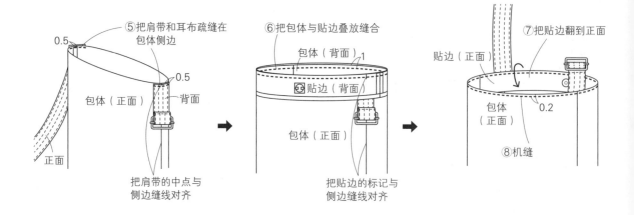

⑤把肩带和耳布疏缝在包体侧边

0.5

包体（正面）

背面

0.5

正面

把肩带的中点与侧边缝线对齐

⑥把包体与贴边叠放缝合

包体（背面）1

贴边（背面）

包体（正面）

把贴边的标记与侧边缝线对齐

⑦把贴边翻到正面

贴边（正面）

包体（正面）

0.2

⑧机缝

6. 上内口袋

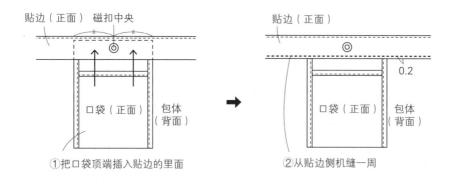

贴边（正面）　磁扣中央

口袋（正面）　包体（背面）

①把口袋顶端插入贴边的里面

贴边（正面）

0.2

口袋（正面）　包体（背面）

②从贴边侧机缝一周

完成图

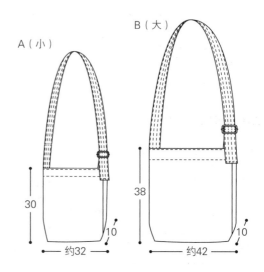

A（小）

B（大）

30

约32

10

38

约42

10

纸巾盒套 实物图→p.36 完成尺寸 宽31cm× 长19.5cm

材料

A …11号做旧帆布(卡其色)…90cm 幅 ×40cm

B …11号做旧帆布(芥黄色)…90cm 幅 ×40cm

C …11号做旧帆布(驼色)…90cm 幅 ×40cm

通用

直径0.9cm 的四合扣 …2组

※ 本盒套可容纳高度为5cm 左右的纸巾盒

裁剪方法图

包体的纸型画在实物大纸型B面

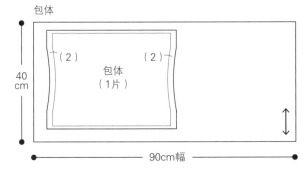

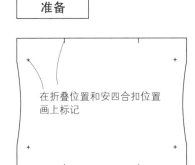

准备

在折叠位置和安四合扣位置
画上标记

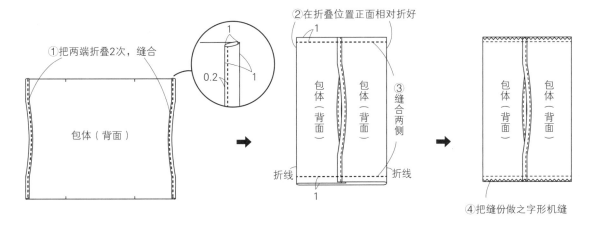

①把两端折叠2次，缝合

②在折叠位置正面相对折好

③缝合两侧

④把缝份做之字形机缝

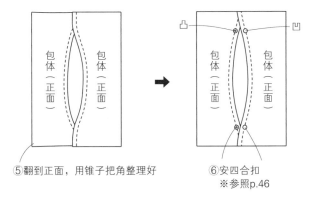

⑤翻到正面，用锥子把角整理好

⑥安四合扣
※参照p.46

完成图

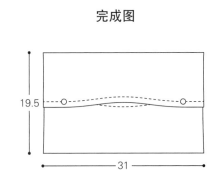

筐形托特包

实物图→p.18　**完成尺寸**　□宽约44cm× 高25cm× 厚17cm

材料

A

［表布］
富士金梅 #8000（36号色，蓝灰色）…110cm 幅 ×60cm
［里布］
11号帆布（15号色，米灰色）…110cm 幅 ×60cm
・直径0.7cm 的双面铆钉 …4组
・直径0.7cm 的腈纶绳 …18cm×2根

B

［表布］
富士金梅 #8000（43号色，米黄色）…110cm 幅 ×60cm
［里布］
11号帆布（15号色，米灰色）…110cm 幅 ×60cm
・直径0.7cm 的双面铆钉 …4组
・直径0.7cm 的腈纶绳 …41cm×2根

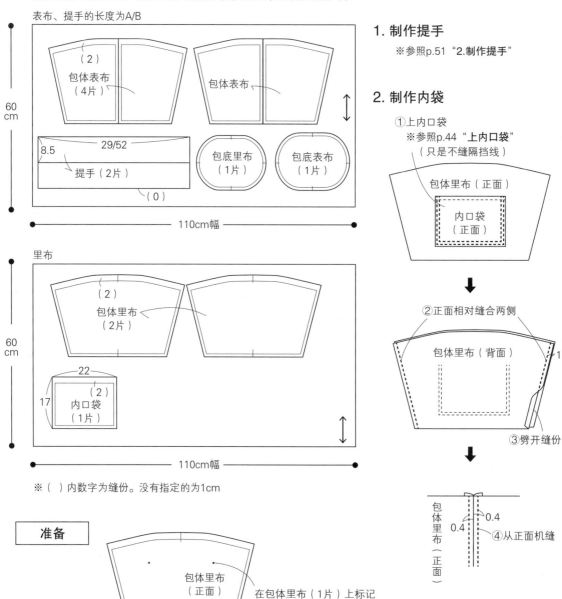

裁剪方法图

包体表布、包底表布、包体里布、包底里布的纸型画在实物大纸型A面

表布、提手的长度为A/B

60 cm

（2）
包体表布（4片）

包体表布

8.5
29/52
提手（2片）
（0）

包底里布（1片）

包底表布（1片）

110cm幅

里布

60 cm

（2）
包体里布（2片）

22
（2）
17　内口袋（1片）

110cm幅

※（　）内数字为缝份。没有指定的为1cm

准备

包体里布（正面）

在包体里布（1片）上标记出上内口袋的位置

1. 制作提手

※参照p.51"2.制作提手"

2. 制作内袋

①上内口袋
※参照p.44"上内口袋"
（只是不缝隔挡线）

包体里布（正面）

内口袋（正面）

②正面相对缝合两侧

包体里布（背面）　1

③劈开缝份

包体里布（正面）　0.4　0.4

④从正面机缝

58

⑤折叠袋口的缝份

包体里布
（背面）

包体里布
（背面）

⑥把包体与包底正面
相对，缝合

1 包底里布（正面）

3. 缝制外袋

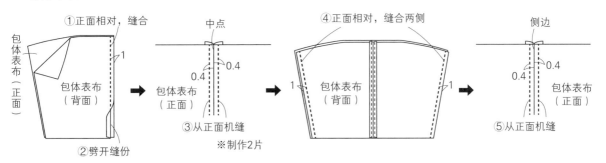

①正面相对，缝合

包体表布
（正面）

②劈开缝份

包体表布
（背面）

1

中点

0.4

0.4

包体表布
（正面）

③从正面机缝

※制作2片

④正面相对，缝合两侧

包体表布
（背面）

1

1

侧边

0.4

0.4

包体表布
（正面）

⑤从正面机缝

※⑥、⑦参照内袋的⑤、⑥

4. 缝合外袋和内袋

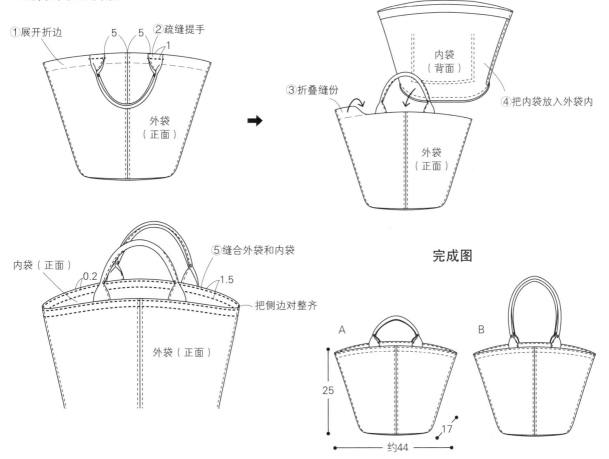

①展开折边

5 5 ②疏缝提手

1

外袋
（正面）

③折叠缝份

内袋
（背面）

④把内袋放入外袋内

内袋（正面）

0.2

⑤缝合外袋和内袋

1.5

把侧边对整齐

外袋（正面）

完成图

A

B

25

约44

17

迷你托特包　实物图→p.21　完成尺寸　□宽约34cm× 高22cm× 厚12cm

材料

A

[表布]

8号酵洗帆布（19号色）…90cm 幅 ×70cm

[里布]

11号帆布（43号色，朦胧粉）…110cm 幅 ×60cm

C

[表布]

8号酵洗帆布（24号色）…90cm 幅 ×70cm

[里布]

11号帆布（15号色，米灰色）…110cm 幅 ×60cm

B

[表布]

8号酵洗帆布（43号色）…90cm 幅 ×70cm

[里布]

11号帆布（30号色，黄棕色）…110cm 幅 ×60cm

A ～ C 通用

• 直径0.7cm 的双面铆钉 …2组

裁剪方法图

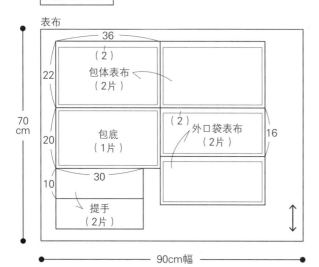

表布

36
（2）
包体表布
（2片）
22
70cm
20
包底
（1片）
（2）
外口袋表布
（2片）
16
30
10
提手
（2片）
90cm幅

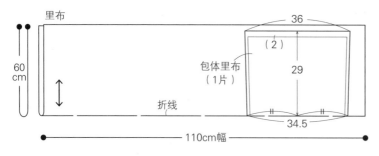

里布

36
（2）
包体里布
（1片）
29
60cm
折线
34.5
110cm幅

※（ ）内数字为缝份。没有指定的为1cm

准备

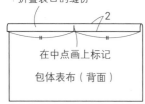

折叠袋口的缝份
2
在中点画上标记
包体表布（背面）

2
包体里布（背面）

1. 制作内袋

※参照p.41 "**1.制作内袋**"，
只是把抓角缝为12cm

2. 制作提手

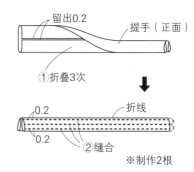

留出0.2
提手（正面）
①折叠3次
折线
0.2
0.2
②缝合

※制作2根

3. 制作包体表布

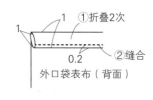

1
①折叠2次
1
0.2
②缝合
外口袋表布（背面）

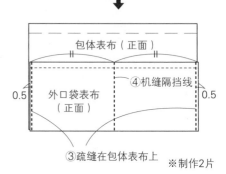

包体表布（正面）
外口袋表布
（正面）
④机缝隔挡线
0.5
0.5
③疏缝在包体表布上　※制作2片

4. 缝合包体表布与包底

※参照p.42 "4.缝合包体表布与包底"

包体表布（正面）

外口袋表布
（正面）

包底（正面）

外口袋表布
（正面）

包体表布（正面）

5. 制作外袋

※参照p.42 "5.制作外袋"，只是把抓角缝为12cm

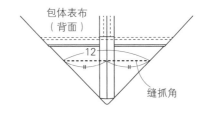

包体表布
（背面）

12

缝抓角

6. 安提手

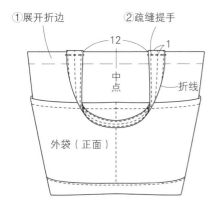

①展开折边　②疏缝提手

12　　1

中点

折线

外袋（正面）

7. 缝合外袋和内袋

※参照p.43 "6.缝合外袋和内袋"

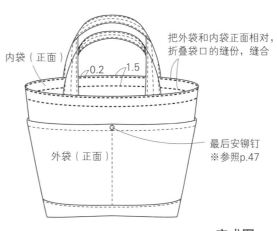

内袋（正面）

0.2　1.5

把外袋和内袋正面相对，
折叠袋口的缝份，缝合

外袋（正面）

最后安铆钉
※参照p.47

完成图

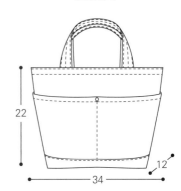

22

34

12

小背包　实物图→p.23　完成尺寸　口宽约24cm × 高16cm × 厚6cm

材料

A

11号帆布（30号色，蓝色）…110cm 幅 ×50cm

・5号金属拉链（双头）27cm …1根

・2.2cm 宽的螺纹带 …200cm

B

11号帆布（54号色，黄棕色）…110cm 幅 ×50cm

・5号金属拉链（双头）27cm …1根

・2.2cm 宽的螺纹带 …200cm

裁剪方法图

包体表布、包体里布的纸型画在实物大纸型B面

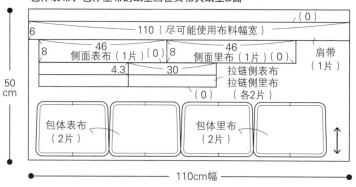

※（ ）内数字为缝份。没有指定的为1cm

准备

在侧面表布、侧面里布、拉链侧表布、拉链侧里布、拉链的中点画上标记

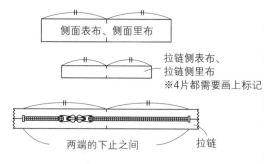

1. 制作肩带

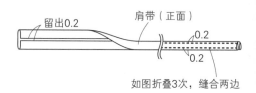

如图折叠3次，缝合两边

2. 制作拉链侧布

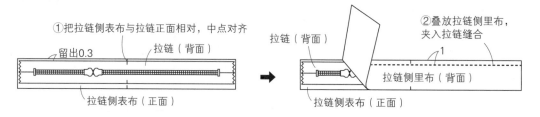

①把拉链侧表布与拉链正面相对，中点对齐

②叠放拉链侧里布，夹入拉链缝合

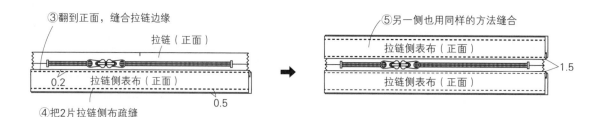

③翻到正面，缝合拉链边缘

④把2片拉链侧布疏缝

⑤另一侧也用同样的方法缝合

3. 制作侧布

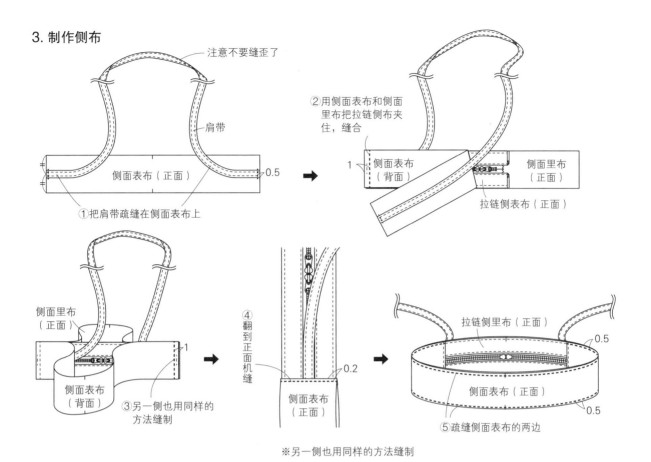

注意不要缝歪了

肩带

侧面表布（正面）

0.5

①把肩带疏缝在侧面表布上

②用侧面表布和侧面里布把拉链侧布夹住，缝合

1 侧面表布（背面）

侧面里布（正面）

拉链侧表布（正面）

侧面里布（正面）

侧面表布（背面）

1

③另一侧也用同样的方法缝制

④翻到正面机缝

0.2

侧面表布（正面）

拉链侧里布（正面）

0.5

侧面表布（正面）

0.5

⑤疏缝侧面表布的两边

※另一侧也用同样的方法缝制

4. 缝合包体和侧布

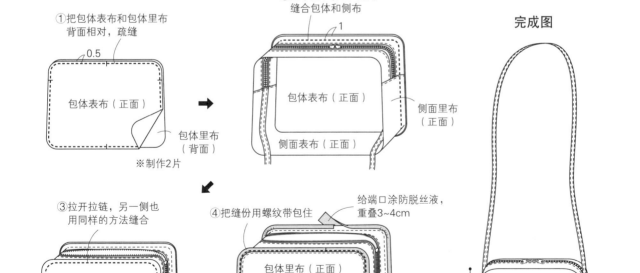

①把包体表布和包体里布背面相对，疏缝

0.5

包体表布（正面）

包体里布（背面）

※制作2片

②把中点、标记对齐，缝合包体和侧布

1

包体表布（正面）

侧面里布（正面）

侧面表布（正面）

③拉开拉链，另一侧也用同样的方法缝合

1

包体里布（正面）

侧面里布（正面）

④把缝份用螺纹带包住

给端口涂防脱丝液，重叠3~4cm

包体里布（正面）

⑤缝合

0.2

完成图

16

约24

6

束口包（大、小） 实物图→p.24　完成尺寸　小…宽30cm×高33.5cm　大…宽42cm×高43.5cm

材料（A和D为大，B和C为小）

A…11号做旧帆布（卡其色）…90cm 幅 ×140cm
B…11号做旧帆布（粉色）…90cm 幅 ×100cm
C…11号做旧帆布（灰色）…90cm 幅 ×100cm
D…11号做旧帆布（蓝色）…90cm 幅 ×140cm

裁剪方法图

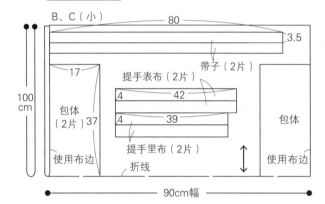

B、C（小）

80
3.5
17
提手表布（2片）
带子（2片）
4　42
4　39
提手里布（2片）
100cm
包体（2片）37
包体
使用布边
折线
使用布边
90cm幅

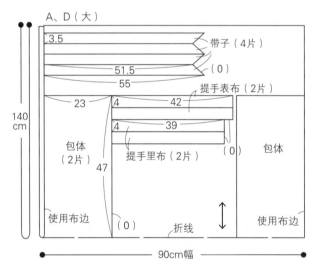

A、D（大）

3.5
带子（4片）
51.5　（0）
55
23
提手表布（2片）
4　42
4　39
（0）
提手里布（2片）
140cm
包体（2片）47
包体
使用布边
（0）
折线
使用布边
90cm幅

※包体以外的部分不要把布对折，直接裁剪

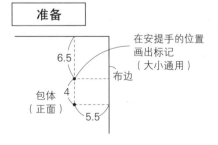

准备

6.5
在安提手的位置
画出标记
（大小通用）
布边
包体（正面）
4
5.5

1. 制作带子　※①~③只适用于大包

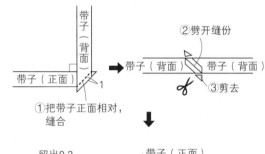

带子（背面）
②劈开缝份
带子（正面）
带子（背面）　带子（背面）
①把带子正面相对，缝合
1
③剪去

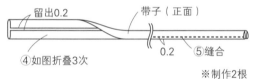

留出0.2
带子（正面）
④如图折叠3次
0.2
⑤缝合
※制作2根

2. 制作提手

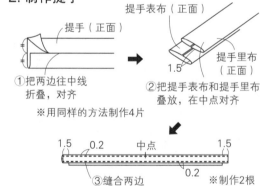

提手（正面）
提手表布（正面）
①把两边往中线折叠，对齐
1.5
②把提手表布和提手里布叠放，在中点对齐
提手里布（正面）
※用同样的方法制作4片

1.5　0.2　中点　1.5
③缝合两边
0.2
※制作2根

3. 制作包体

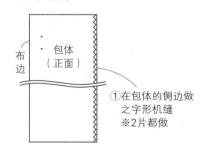

布边
包体（正面）
①在包体的侧边做之字形机缝
※2片都做

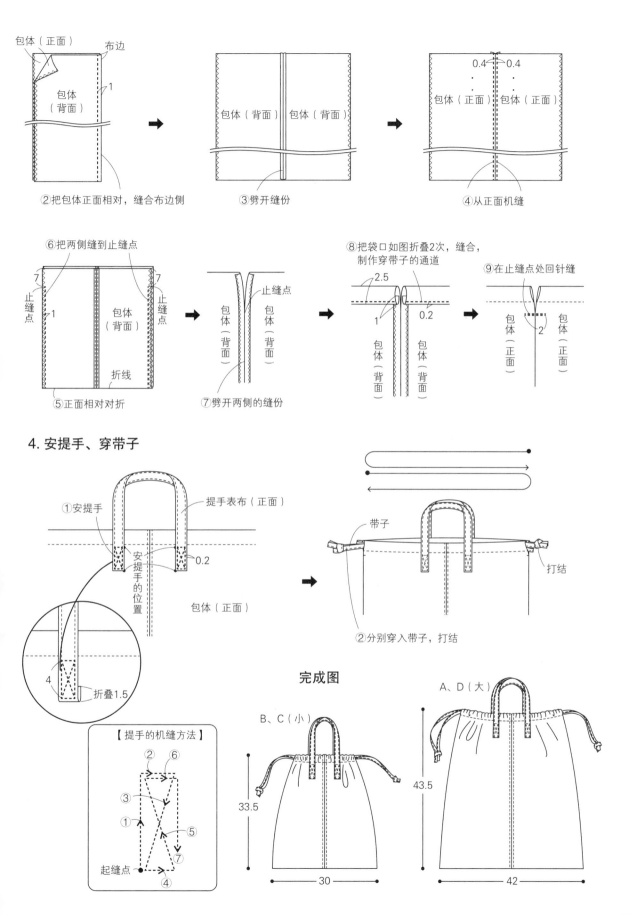

②把包体正面相对，缝合布边侧

包体（正面）
布边
包体（背面）
1

③劈开缝份

包体（背面） 包体（背面）

④从正面机缝

0.4   0.4
包体（正面） 包体（正面）

⑥把两侧缝到止缝点

7
止缝点
1
包体（背面）
止缝点
7
折线
⑤正面相对对折

⑦劈开两侧的缝份

止缝点
包体（背面） 包体（背面）

⑧把袋口如图折叠2次，缝合，制作穿带子的通道

2.5
1   0.2
包体（背面） 包体（背面）

⑨在止缝点处回针缝

2
包体（正面） 包体（正面）

4. 安提手、穿带子

①安提手
提手表布（正面）
安提手的位置
0.2
包体（正面）

4
折叠1.5

②分别穿入带子，打结

带子
打结

【提手的机缝方法】

② ⑥
③
①
⑤
起缝点
⑦
④

完成图

B、C（小）

33.5

30

A、D（大）

43.5

42

邮差包　实物图→p.27　完成尺寸　口宽约34cm×高22cm×厚12cm

材料

A

11号帆布（65号色，深红色）…90cm幅×130cm
- 内宽4cm的日字环…1个
- 直径1.2cm的磁扣…1组

B

11号帆布（60号色，黑色）…90cm幅×130cm
- 内宽4cm的日字环…1个
- 直径1.2cm的磁扣…1组

裁剪方法图

包盖的纸型画在实物大纸型B面

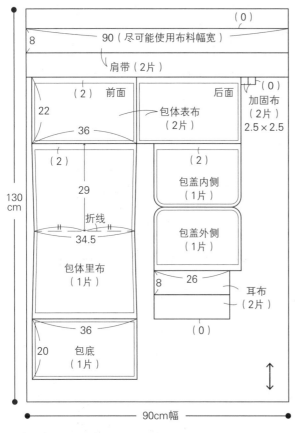

※（　）内数字为缝份。没有指定的为1cm

准备

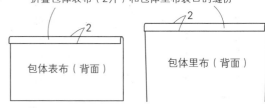

折叠包体表布（2片）和包体里布袋口的缝份

包体表布（背面）　　包体里布（背面）

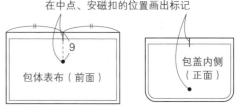

在中点、安磁扣的位置画出标记

包体表布（前面）　　包盖内侧（正面）

1. 制作肩带　※参照p.54"1.制作肩带"

机缝的尺寸

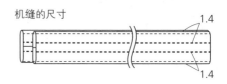

2. 制作耳布　※参照p.55"2.制作耳布"

3. 制作内袋　※参照P.41"1.制作内袋"，只是把抓角缝为12cm

---

4. 制作包盖

①在安磁扣的位置安上磁扣（凹）※参照p.47

②与包盖外侧正面相对，缝合

③剪去拐角部分的缝份

④只把内侧的缝份折叠

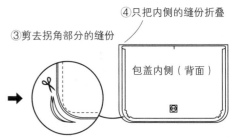

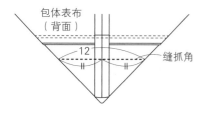

0.2
0.7

包盖外侧（正面）

⑤翻到正面整理好形状，
在外侧机缝

6. 制作外袋

※参照p.42"5.制作外袋"，只是把抓角缝为12cm

包体表布
（背面）

12

缝抓角

5. 缝合包体表布与包底

※①以后的步骤参照p.42"4.缝合包体表布与包底"

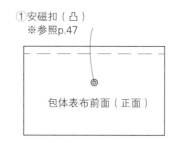

①安磁扣（凸）
※参照p.47

包体表布前面（正面）

7. 在外袋上安包盖、肩带、耳布

①把外袋的背面中点和包盖的
中点对齐，疏缝

1   1   1

包盖内侧（正面）

②把耳布的中
点和外袋的
侧边缝线对
齐，疏缝

③把肩带的中点和外袋的
侧边缝线对齐，疏缝

背面

正面

外袋背面（正面）

8. 缝合外袋和内袋

※参照p.43"6.缝合外袋和内袋"

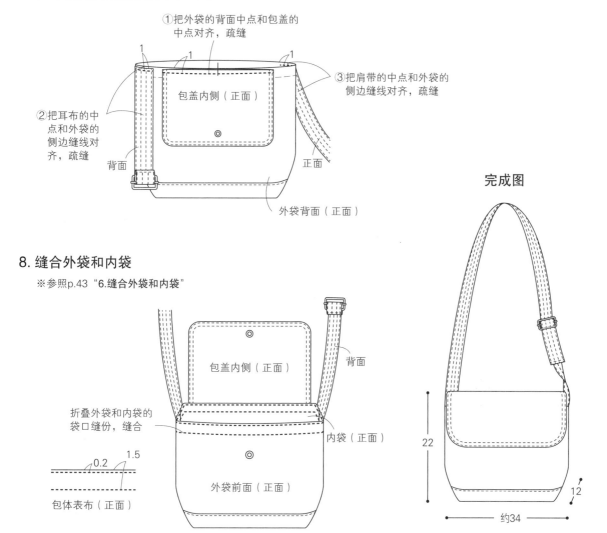

包盖内侧（正面）

背面

折叠外袋和内袋的
袋口缝份，缝合

内袋（正面）

0.2   1.5

包体表布（正面）

外袋前面（正面）

完成图

22

12

约34

书袋 实物图→p.28 **完成尺寸** 宽39cm× 高40cm

材料

A

[表布]

10号打蜡帆布(橄榄色)…110cm 幅 ×90cm

[内底]

11号帆布(14号色，蘑菇色)…110cm 幅 ×30cm

· 2.2cm 宽的织带…39cm×2根

· 直径1.8cm 的磁扣 …1组

B

[表布]

10号打蜡帆布(新蓝灰色)…110cm 幅 ×90cm

[内底]

11号帆布(54号色，蓝色)…110cm 幅 ×30cm

· 2.2cm 宽的织带…39cm×2根

· 直径1.8cm 的磁扣 …1组

裁剪方法图

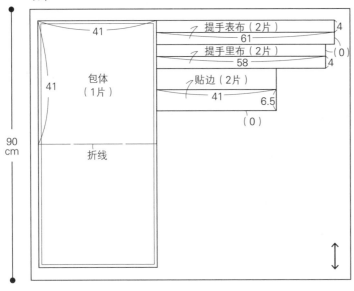

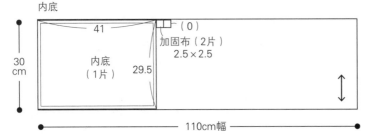

※（ ）内数字为缝份。没有指定的为1cm

准备

给各部分画上标记

※另一侧也用同样的方法画出标记

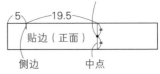

1. 制作提手

※参照p.64 "2.制作提手"

2. 缝包体

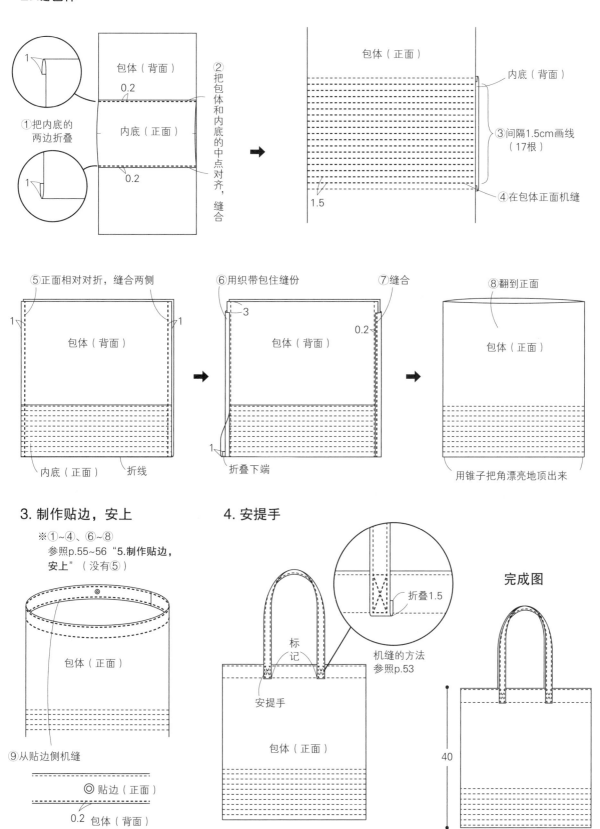

①把内底的
两边折叠

②把包体和内底的中点对齐，缝合

包体（背面）
0.2
内底（正面）
0.2

包体（正面）
内底（背面）
③间隔1.5cm画线
（17根）
④在包体正面机缝
1.5

⑤正面相对对折，缝合两侧
1
包体（背面）
1
内底（正面）　折线

⑥用织带包住缝份
3
包体（背面）
0.2
1
折叠下端

⑦缝合

⑧翻到正面
包体（正面）
用锥子把角漂亮地顶出来

3. 制作贴边，安上

※①~④、⑥~⑧
参照p.55~56 "5.制作贴边，
安上"（没有⑤）

包体（正面）

⑨从贴边侧机缝

◎贴边（正面）
0.2 包体（背面）

4. 安提手

折叠1.5
机缝的方法
参照p.53

标记
安提手
包体（正面）

完成图

40
39

条纹托特包 实物图→p.29 完成尺寸 口宽约44cm×高27cm×厚14cm

材料

A

［表布 A 色］
8号酵洗帆布（39号色）…90cm 幅 ×30cm
［表布 B 色］
8号酵洗帆布（50号色）…90cm 幅 ×30cm
［表布 C 色］
8号酵洗帆布（5号色）…90cm 幅 ×40cm
［里布］
11号帆布（49号色，鹅灰色）…110cm 幅 ×80cm

B

［表布 A 色］
8号酵洗帆布（78号色）…90cm 幅 ×70cm
［表布 B 色］
8号酵洗帆布（73号色）…90cm 幅 ×30cm
［里布］
11号帆布（46号色，幻影灰）…110cm 幅 ×80cm

裁剪方法图

【A】※各部分的尺寸、里布与【B】相同

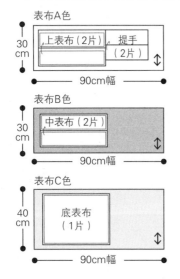

表布A色

上表布（2片） 提手（2片）
30cm
90cm幅

表布B色

中表布（2片）
30cm
90cm幅

表布C色

底表布（1片）
40cm
90cm幅

准备

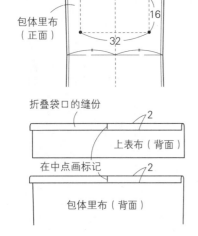

在上内口袋的位置画标记

包体里布（正面）
9
16
32

折叠袋口的缝份
2
上表布（背面）
在中点画标记
2
包体里布（背面）

【B】

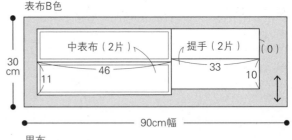

表布A色

46
（2） 上表布（2片） 12
70cm
底表布（1片） 34
90cm幅

表布B色

中表布（2片） 提手（2片） （0）
30cm
11 46 33 10
90cm幅

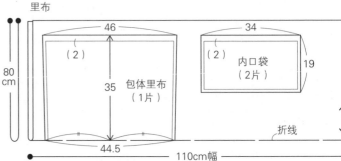

里布

46 34
（2） （2） 内口袋（2片） 19
80cm 包体里布（1片） 35
44.5
110cm幅
折线

※（ ）内数字为缝份。没有指定的为1cm

70

1. 制作内袋　※参照p.44"上内口袋"、p.41"1.制作内袋"

2. 制作提手

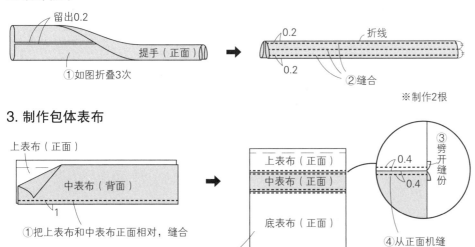

留出0.2

提手（正面）

①如图折叠3次

0.2

折线

0.2

②缝合

※制作2根

3. 制作包体表布

上表布（正面）

中表布（背面）

1

①把上表布和中表布正面相对，缝合

②把底表布、中表布、上表布
用同样的方法缝合

上表布（正面）

中表布（正面）

底表布（正面）

中表布（正面）

上表布（正面）

0.4

0.4

③劈开缝份

④从正面机缝

4. 制作外袋　※参照p.42"5.制作外袋"

5. 安提手

6. 缝合外袋和内袋
※参照p.43"6.缝合外袋和内袋"

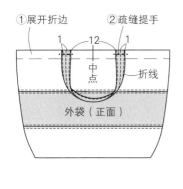

①展开折边

②疏缝提手

1　12　1

中点

折线

外袋（正面）

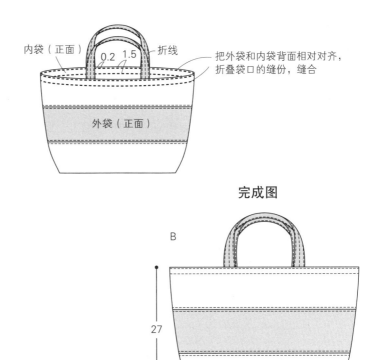

内袋（正面）

0.2　1.5

折线

把外袋和内袋背面相对对齐，
折叠袋口的缝份，缝合

外袋（正面）

完成图

B

27

14

约44

71

迷你波士顿包　实物图→p.31　**完成尺寸**　宽约26×高20cm×厚10cm

材料

A

11号帆布（89号色，暗绿色）…110cm幅×70cm
- 直径0.7cm的双面铆钉…4组
- 内径0.9cm的双面气眼…2组
- 5号金属拉链（双头）40cm…1根
- 2.2cm宽的螺纹带…200cm
- 直径0.7cm的腈纶绳…31cm×2根

B

11号帆布（15号色，米灰色）…110cm幅×70cm
- 直径0.7cm的双面铆钉…4组
- 内径0.9cm的双面气眼…2组
- 5号金属拉链（双头）40cm…1根
- 2.2cm宽的螺纹带…200cm
- 直径0.7cm的腈纶绳…31cm×2根

裁剪方法图

包体表布、包体里布的纸型画在实物大纸型B面

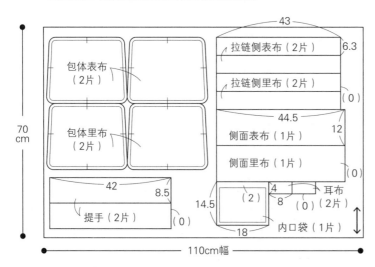

※（　）内数字为缝份。没有指定的为1cm

准备

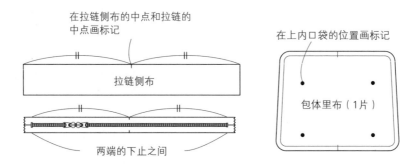

在拉链侧布的中点和拉链的中点画标记

拉链侧布

两端的下止之间

在上内口袋的位置画标记

包体里布（1片）

1. 制作提手　※参照p.51 "2.制作提手"

2. 制作耳布

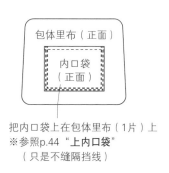

①在中线位置对齐、折叠

耳布（正面）

②对折
耳布（正面）

③缝合四周
折线
耳布（正面）
0.2

④安气眼
※参照p.47
耳布（正面）
1.5

※制作2个

2

3. 上内口袋

包体里布（正面）

内口袋（正面）

把内口袋上在包体里布（1片）上
※参照p.44 "**上内口袋**"
（只是不缝隔挡线）

4. 制作拉链侧布　※参照p.62 "2.制作拉链侧布"

5. 制作侧布

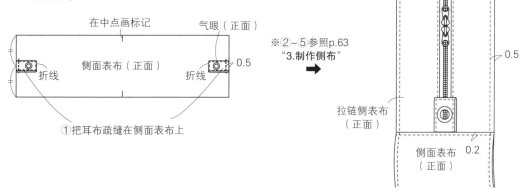

在中点画标记　　　气眼（正面）

侧面表布（正面）

折线　　　　　　　　折线　　0.5

①把耳布疏缝在侧面表布上

※②~⑤参照p.63
"**3.制作侧布**"

0.5

拉链侧表布（正面）

侧面表布（正面）　0.2

6. 缝合包体和侧布

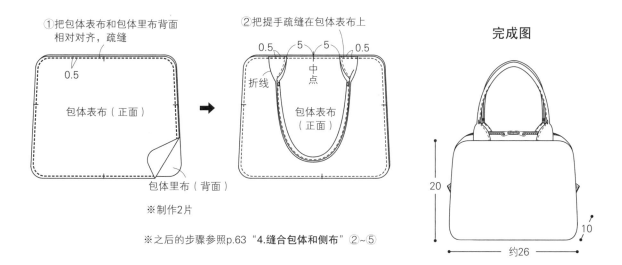

①把包体表布和包体里布背面相对对齐，疏缝

0.5

包体表布（正面）

包体里布（背面）

※制作2片

※之后的步骤参照p.63 "**4.缝合包体和侧布**" ②~⑤

②把提手疏缝在包体表布上

0.5　5　5　0.5

折线　　中点

包体表布（正面）

完成图

20

10

约26

轻便单肩背包

实物图→p.33　**完成尺寸**　宽27cm×高18cm

材料

A	B
[表布]	[表布]
10号打蜡帆布（黑色）…110cm 幅 ×40cm	10号打蜡帆布（深黄色）…110cm 幅 ×40cm
[肩带]	[肩带]
11号帆布（50号色，黑色）…110cm 幅 ×10cm	11号帆布（26号色，深棕色）…110cm 幅 ×10cm
·2.2cm 宽的织带…25cm×2根	·2.2cm 宽的织带 …25cm×2根
·5号金属拉链25cm …1根	·5号金属拉链25cm …1根

※ 调整拉链长度的方法参照 p.79

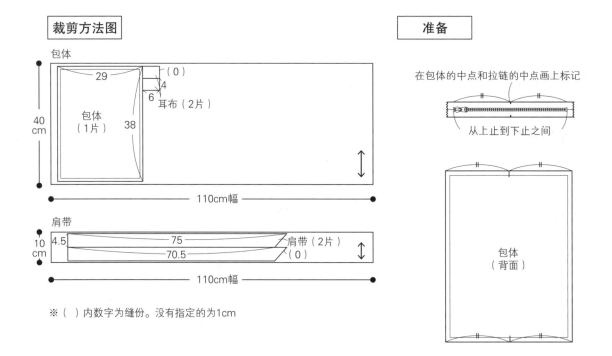

裁剪方法图

准备

在包体的中点和拉链的中点画上标记

从上止到下止之间

包体

29　（0）

4

6　耳布（2片）

包体（1片）　38

40 cm

110cm幅

肩带

4.5　75　肩带（2片）

70.5　（0）

10 cm

110cm幅

包体（背面）

※（ ）内数字为缝份。没有指定的为1cm

1. 制作肩带

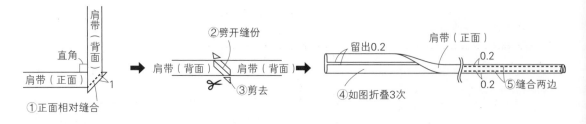

肩带（背面）

直角

肩带（正面）

①正面相对缝合　1

②劈开缝份

肩带（背面）　肩带（背面）

③剪去

留出0.2　肩带（正面）

0.2

0.2

④如图折叠3次

⑤缝合两边

2. 制作耳布

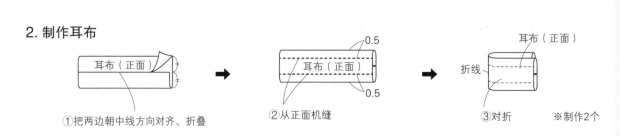

耳布（正面）

①把两边朝中线方向对齐、折叠

0.5

耳布（正面）

0.5

②从正面机缝

耳布（正面）

折线

③对折

※制作2个

3. 缝包体

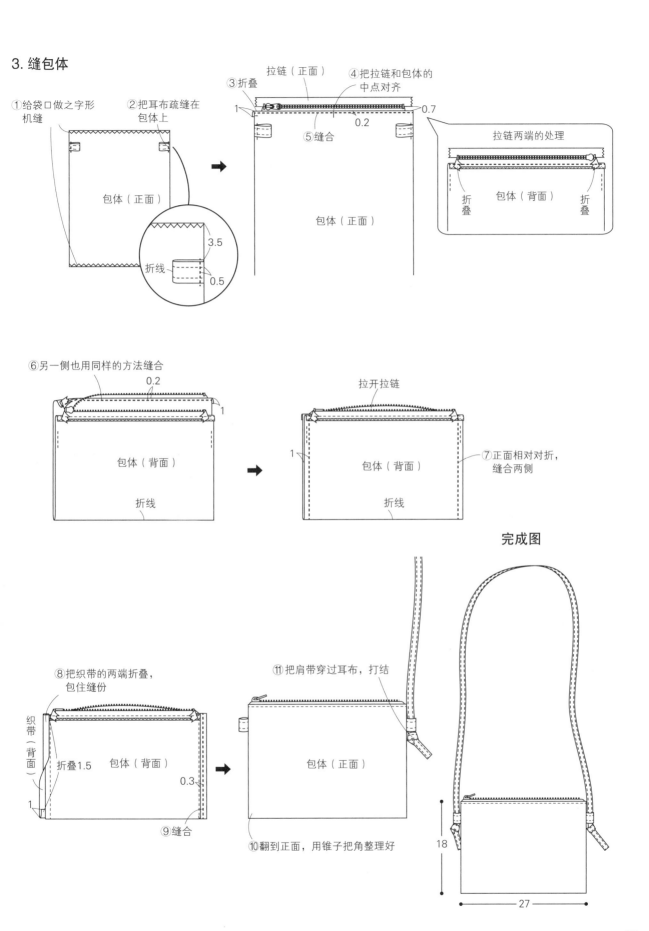

①给袋口做之字形机缝

②把耳布疏缝在包体上

包体（正面）

3.5
折线
0.5

③折叠
拉链（正面）
④把拉链和包体的中点对齐
1
0.2
⑤缝合
0.7
包体（正面）

拉链两端的处理
折叠
包体（背面）
折叠

⑥另一侧也用同样的方法缝合
0.2
1
包体（背面）
折线

拉开拉链
1
包体（背面）
折线
⑦正面相对对折，缝合两侧

完成图

⑧把织带的两端折叠，包住缝份
织带（背面）
折叠1.5
包体（背面）
1
0.3
⑨缝合

⑪把肩带穿过耳布，打结
包体（正面）
⑩翻到正面，用锥子把角整理好

18
27

小拎包

实物图→p.35　**完成尺寸**　□宽约27cm × 高16cm × 厚6.5cm

材料

A

[表布]
富士金梅#8000（75号色，肤色）…110cm 幅 ×20cm
[底]
富士金梅#8000（48号色，红豆色）…110cm 幅 ×20cm
[里布]
11号帆布（5号色，浅米色）…110cm 幅 ×30cm

C

[表布]
富士金梅#8000（78号色，石板灰）…110cm 幅 ×20cm
[底]
富士金梅#8000（19号色，砖红色）…110cm 幅 ×20cm
[里布]
11号帆布（5号色，浅米色）…110cm 幅 ×30cm

B

[表布]
富士金梅#8000（68号色，深卡其色）…110cm 幅 ×20cm
[底]
富士金梅#8000（86号色，驼色）…110cm 幅 ×20cm
[里布]
11号帆布（5号色，浅米色）…110cm×30cm

A ~ C通用

5号金属拉链25cm …1根

※ 调整拉链长度的方法参照 p.79

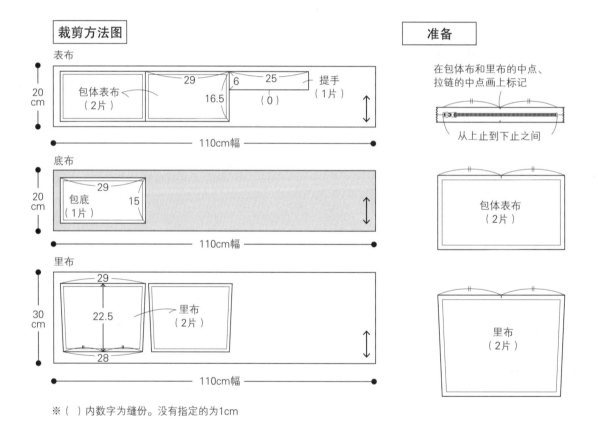

裁剪方法图

表布
包体表布（2片）　29　6　25　提手（1片）
20cm　16.5　(0)
110cm幅

底布
包底（1片）　29　15
20cm
110cm幅

里布
29　里布（2片）
30cm　22.5
28
110cm幅

※（ ）内数字为缝份。没有指定的为1cm

准备

在包体布和里布的中点、拉链的中点画上标记
从上止到下止之间

包体表布（2片）

里布（2片）

1. 制作提手

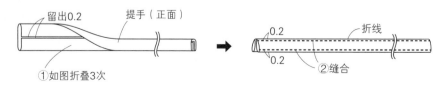

留出0.2　提手（正面）
①如图折叠3次
0.2　折线
0.2　②缝合

2. 制作包体表布

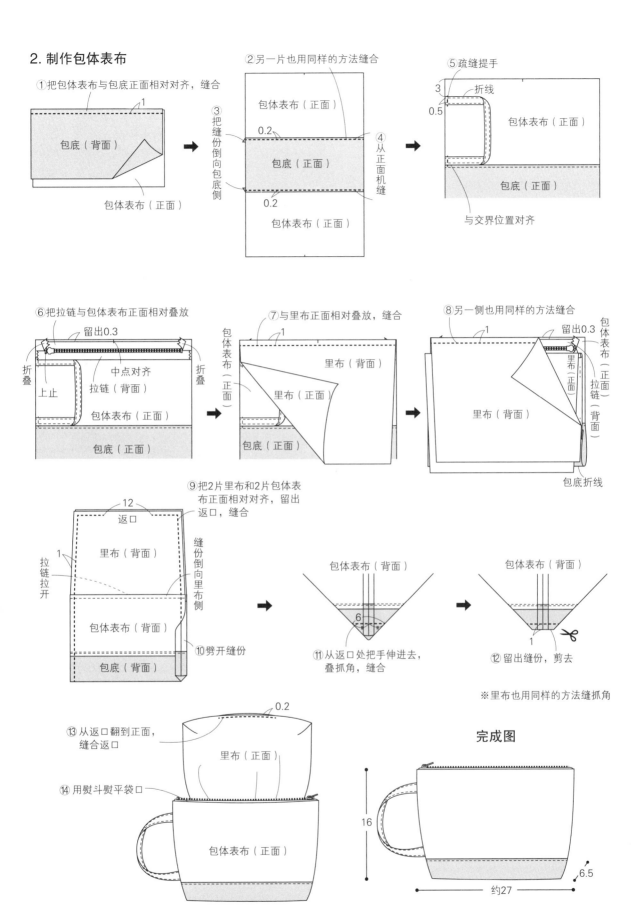

① 把包体表布与包底正面相对对齐，缝合

包底（背面）

1

包体表布（正面）

② 另一片也用同样的方法缝合

包体表布（正面）

0.2

包底（正面）

0.2

包体表布（正面）

③ 把缝份倒向包底底侧

④ 从正面机缝

⑤ 疏缝提手

3

折线

0.5

包体表布（正面）

包底（正面）

与交界位置对齐

⑥ 把拉链与包体表布正面相对叠放

留出0.3

折叠

上止

中点对齐

拉链（背面）

折叠

包体表布（正面）

包底（正面）

⑦ 与里布正面相对叠放，缝合

1

包体表布（正面）

里布（背面）

里布（正面）

包底（正面）

⑧ 另一侧也用同样的方法缝合

1

留出0.3

包体表布（正面）

里布（正面）

拉链（背面）

里布（背面）

包底折线

⑨ 把2片里布和2片包体表布正面相对对齐，留出返口，缝合

12

返口

里布（背面）

1

拉链拉开

缝份倒向里布侧

包体表布（背面）

⑩ 剪开缝份

包底（背面）

包体表布（背面）

⑪ 从返口处把手伸进去，叠抓角，缝合

6

包体表布（背面）

⑫ 留出缝份，剪去

1

※ 里布也用同样的方法缝抓角

⑬ 从返口翻到正面，缝合返口

0.2

里布（正面）

⑭ 用熨斗熨平袋口

包体表布（正面）

完成图

16

约27

6.5

有外口袋的托特包　　实物图→p.8　**完成尺寸**　□宽约44cm× 高26cm× 厚14cm

材料

A

［表布］

8号做旧帆布（萨克斯粉）…110cm 幅 ×80cm

［里布］

11号帆布（19号色，肉粉）…110cm 幅 ×80cm

・直径0.8cm 的双面铆钉…4 组

B

［表布］

8号做旧帆布（蓝色）…110cm 幅 ×65cm

［提手］

8号做旧帆布（灰色）…110cm 幅 ×25cm

［里布］

11号帆布（49号色，鹅灰色）…110cm 幅 ×80cm

・直径0.8cm 的双面铆钉…4 组

裁剪方法图

【A】

表布

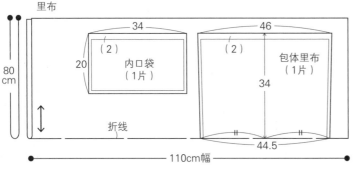

【B】

表布

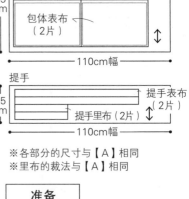

※各部分的尺寸与【A】相同
※里布的裁法与【A】相同

准备

在上内口袋的位置画标记

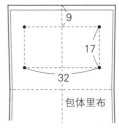

※（ ）内数字为缝份。没有指定的为1cm

长提手托特包　　实物图→p.9　**完成尺寸**　□宽约44cm× 高26cm× 厚14cm

材料

A

［表布］

富士金梅 #8100（86号色，驼色）…110cm 幅 ×50cm

［提手］

富士金梅 #8100（68号色，深卡其色）…110cm 幅 ×25cm

［里布］

11号帆布（49号色，鹅灰色）…110cm 幅 ×80cm

・直径0.8cm 的双面铆钉…4 组

B

［表布］

富士金梅 #8100（78号色，石板灰）…110cm 幅 ×70cm

［里布］

11号帆布（46号色，幻影灰）…110cm 幅 ×80cm

・直径0.8cm 的双面铆钉…4 组

※提手：提手表布为106.5cm×5cm、提手里布为58cm×5cm。
　其他请参照p.40基础款托特包的裁剪方法图

有内盖的托特包　实物图→p.10　完成尺寸　□宽约44cm×高26cm×厚14cm

材料

A

[表布]
富士金梅 #8100（44号色，鼠尾草色）…110cm 幅 ×70cm

[里布]
11号帆布（3号色，原色）…110cm 幅 ×80cm
· 直径0.8cm 的双面铆钉 …4组
· 直径0.9cm 的四合扣 …1组

B

[表布]
富士金梅 #8100（1号色，原色）…110cm 幅 ×50cm

[提手]
富士金梅 #8100（86号色，驼色）…110cm 幅 ×25cm

[里布]
11号帆布（46号色，幻影灰）…110cm 幅 ×80cm
· 直径0.8cm 的双面铆钉 …4组
· 直径0.9cm 的四合扣 …1组

裁剪方法图　内盖的纸型画在实物大纸型A面

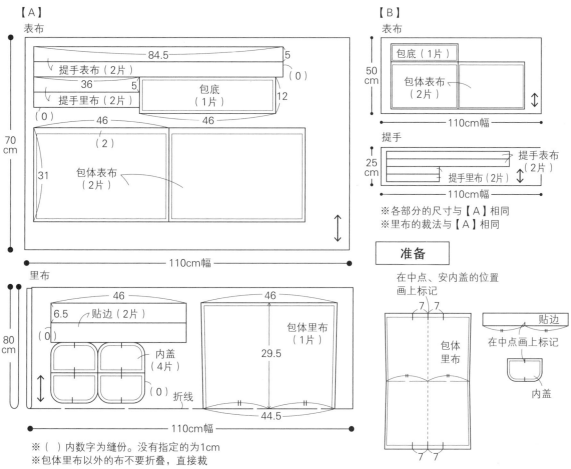

※（ ）内数字为缝份。没有指定的为1cm
※包体里布以外的布不要折叠，直接裁

调整金属拉链的长度　长度可以让手工店帮忙调整。※ 自己调整后就不能退货、换货，需要注意

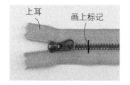

1. 测量需要的尺寸，画上标记。

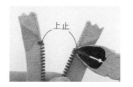

2. 用尖嘴钳、钢丝钳去掉上止。后面还要用到上止，所以注意不要损坏它。

3. 把夹住布带的链齿头部倾斜着摘除，从上耳侧开始摘除至标记点+1个齿（上止部分）的位置。注意不要剪到带芯。

4. 把链齿和上止对准安上，用平嘴钳重新夹紧，再把多余的带子剪去。

79

TSUKATE SODATERU HANPU NO BAG (NV70628)

Copyright © Naohiro Kumura / NIHON VOGUE-SHA 2021 All rights reserved.
Photographers: Yukari Shirai
Original Japanese edition published in Japan by NIHON VOGUE Corp.
Simplified Chinese translation rights arranged with BEIJING BAOKU
INTERNATIONAL CULTURAL DEVELOPMENT Co.,Ltd.

备案号：豫著许可备字-2021-A-0113

久村直大 naohiro kumura

早期在服饰专业学校学习服装制作，之后在服装厂、布料店工作。工作期间于2012年创建手工包品牌TEJIKA，并开始制作包。2015年辞去工作，专职从事手工制作；同年开设网店"束之间"（tsukanoma）。现在夫妇二人在福冈的家兼工作室中从事手工制作。网店每两三个月不定期开放一次，另外也会在日本各地举办订货会。

图书在版编目（CIP）数据

手作简约百搭的品牌帆布包/（日）久村直大著；
罗蓓译. —郑州：河南科学技术出版社，2023.12
ISBN 978-7-5725-1292-6

Ⅰ.①手… Ⅱ.①久…②罗… Ⅲ.①包袋—手工艺品—制作 Ⅳ.①TS973.51

中国国家版本馆CIP数据核字（2023）第168639号

出版发行：河南科学技术出版社
　　　　　地址：郑州市郑东新区祥盛街27号　　邮编：450016
　　　　　电话：（0371）65737028　　65788613
　　　　　网址：www.hnstp.cn
责任编辑：仝广娜
责任校对：尹凤娟
封面设计：张　伟
责任印制：徐海东
印　　刷：北京盛通印刷股份有限公司
经　　销：全国新华书店
开　　本：787 mm×1 092 mm　　1/16　　印张：7　　字数：214千字
版　　次：2023年12月第1版　　2023年12月第1次印刷
定　　价：59.00元

如发现印、装质量问题，影响阅读，请与出版社联系并调换。